BEI GRIN MACHT SICH IHR WISSEN BEZAHLT

- Wir veröffentlichen Ihre Hausarbeit,
  Bachelor- und Masterarbeit

- Ihr eigenes eBook und Buch -
  weltweit in allen wichtigen Shops

- Verdienen Sie an jedem Verkauf

Jetzt bei www.GRIN.com hochladen und kostenlos publizieren

Benedikt Breitenbach

Uranbelastung von Kriegsgebieten - Einsatz von DU-Munition

GRIN Verlag

Bibliografische Information der Deutschen Nationalbibliothek:

Die Deutsche Bibliothek verzeichnet diese Publikation in der Deutschen National-
bibliografie; detaillierte bibliografische Daten sind im Internet über http://dnb.d-
nb.de/ abrufbar.

Dieses Werk sowie alle darin enthaltenen einzelnen Beiträge und Abbildungen
sind urheberrechtlich geschützt. Jede Verwertung, die nicht ausdrücklich vom
Urheberrechtsschutz zugelassen ist, bedarf der vorherigen Zustimmung des Verla-
ges. Das gilt insbesondere für Vervielfältigungen, Bearbeitungen, Übersetzungen,
Mikroverfilmungen, Auswertungen durch Datenbanken und für die Einspeicherung
und Verarbeitung in elektronische Systeme. Alle Rechte, auch die des auszugsweisen
Nachdrucks, der fotomechanischen Wiedergabe (einschließlich Mikrokopie) sowie
der Auswertung durch Datenbanken oder ähnliche Einrichtungen, vorbehalten.

Impressum:

Copyright © 2009 GRIN Verlag GmbH
Druck und Bindung: Books on Demand GmbH, Norderstedt Germany
ISBN: 978-3-640-55064-7

Dieses Buch bei GRIN:

http://www.grin.com/de/e-book/143557/uranbelastung-von-kriegsgebieten-einsatz-
von-du-munition

GRIN - Your knowledge has value

Der GRIN Verlag publiziert seit 1998 wissenschaftliche Arbeiten von Studenten, Hochschullehrern und anderen Akademikern als eBook und gedrucktes Buch. Die Verlagswebsite www.grin.com ist die ideale Plattform zur Veröffentlichung von Hausarbeiten, Abschlussarbeiten, wissenschaftlichen Aufsätzen, Dissertationen und Fachbüchern.

Besuchen Sie uns im Internet:

http://www.grin.com/

http://www.facebook.com/grincom

http://www.twitter.com/grin_com

Johannes Gutenberg-Universität Mainz
Geographisches Institut
Sommersemester 2009
Hauptseminar: Krieg und Umwelt

Abgabedatum: 12.11.2009

Uranbelastung von Kriegsgebieten

- Einsatz von DU-Munition

vorgelegt von:

Benedikt Breitenbach

Studienfächer:
Geographie: 9. Semester (HF)
Meteorologie: 8. Semester (NF)
Publizistik: 6. Semester (NF)

Inhaltsverzeichnis

Tabellenverzeichnis

1. Einleitung

Die Nutzung von abgereichertem Uran als panzerbrechender Munition hat insbesondere seit dem Golfkrieg 1991 für einiges an Aufmerksamkeit gesorgt. Seit bekannt werden der militärischen Nutzung von Uran, rückte das Thema durch zahlreiche Publikationen in Medien ins Bewusstsein der Öffentlichkeit. Streitpunkt der Forschung ist nunmehr seit über 20 Jahren, inwiefern Uran den menschlichen Organismus schädigt und in welchem Ausmaß die Umwelt durch Uranmunition in Kriegsgebieten kontaminiert wird. Hierzu werden im Verlauf dieser Hausarbeit die chemisch-toxischen und radio-toxischen Wirkungen von Uran und die daraus resultierenden möglichen Erkrankungen für den Menschen untersucht. Abschließend wird eine von den Vereinten Nationen in Auftrag gegebene Umweltverträglichkeitsstudie zur Analyse von möglich kontaminierten Standorten im Kosovo in Betracht gezogen. Zuvor wird allerdings erläutert, warum das Uran für das Militär so interessant ist und welche militärischen Vorteile sich aus der Nutzung von Uranmunition ergeben. Als Einführung in die Thematik werden relevante Informationen bezüglich des Natururans und des industriell angereicherten Urans behandelt.

2. Uran

2.1 Entdeckung und Geschichte von Uran

Uran wurde 1798 von dem deutschen Chemiker Martin Heinrich Klaproth (1743-1817) entdeckt. Klaproth isolierte aus dem Mineral Uraninit die Verbindung Urandioxid, welches er fälschlicherweise zunächst als das neue Element selbst hielt. Die Gewinnung von elementarem Uran gelang erstmals 1856 dem Franzosen Eugéne-Melchior Péligot (1811-1890) durch Reduktion von Uran(IV)-chlorid. Im 19. Jahrhundert bis in die dreißiger Jahre des 20. Jahrhunderts wurde Uran als Farbstoff in Glas sowie in Keramik-Glasuren für Geschirr und Kacheln eingesetzt. Im Jahre 1896 entdeckte der französische Physiker Henri Becquerel (1852-1908) die radioaktive Strahlung des

Elements. Die erste Atomspaltung gelang den beiden deutschen Chemikern Otto Hahn (1879-1968) und Fritz Straßmann (1902-1980) durch den Neutronenbeschuss von Uran im Jahr 1938. Ausgehend von der Entdeckung der Kernspaltung wurden die Forschungen bezüglich dessen intensiviert und der erste Kernreaktor konnte in Betrieb genommen werden. Enrico Fermi (1901-1954) baute 1942 in einer Turnhalle der Universität Chicago diesbezüglich den ersten betriebsbereiten Reaktor. Mit dem Manhattan-Projekt begann die USA während des 2. Weltkriegs unter der Leitung von Julius R. Oppenheimer (1904-1967) die Entwicklung und den späteren Bau der ersten Atombombe.[1]

2.2 Uranvorkommen und Abbau

In der Natur liegt Uran nicht als reines, gediegenes Metall vor, sondern als Verbindung mit anderen Elementen (Sauerstoff, Silizium) in Mineralien. Neben dem Uraninit sind 200 weitere Uranmineralien bekannt. Die wichtigsten Uranverbindungen sind das Urandioxid (UO_2), das Urantrioxid (UO_3), das Triuranoctoxid (U_3O_8) und das im Anreicherungsverfahren der Atomindustrie benutzte Uranhexafluorid (UF_6).[2]

Der durchschnittliche Urangehalt der Erdkruste liegt bei circa 3 ppm (3 mg/kg) und in den Ozeanen bei ungefähr 3 µg/l. In Spuren lässt sich Uran auch in Luft, Trinkwasser, Pflanzen und vielen Lebensmitteln nachweisen. Die tägliche Aufnahme durch Nahrung liegt bei schätzungsweise 1-2 µg und durch Wasser bei 1,5 µg. Durch die tägliche Aufnahme sind im menschlichen Körper (überwiegend in Knochen, Gewebe, Fett, Blut, Lunge, Leber und Niere) im Durchschnitt 56 µg Uran enthalten. Das Uran wird insbesondere mit der Nahrung durch Gemüse, Getreide und Kochsalz aufgenommen.[3]

Zu den größten Uran-Produzenten gehören Kanada, Kasachstan und Australien mit jeweils knapp 9.000 t pro Jahr. Im Jahr 2008 wurden circa 44.000 t Uran gefördert. Aus Gründen der Energiegewinnung mit der Tendenz in Zukunft ansteigend.[4] Derzeit findet in Deutschland kein

---

[1] vgl. Seilnacht, T. (o. J.): Uran.
[2] vgl. Weiß, D. (2004): Uraninit. LAPIS 5: 8-9.
[3] vgl. Bleise, A./Danesi, P. R. & W. Burkart (2003): Properties, use and health effects of depleted uranium. In: Journal of Environmental Radioactivity 64 (2): 94.
[4] vgl. World Nuclear Association (2009): World uranium mining.

Uranabbau statt. Die Minen im Schwarzwald und in Sachsen und Thüringen wurden ab 1990 allesamt aus Gründen der Unwirtschaftlichkeit und Umweltverträglichkeit geschlossen.[5]

2.3   Eigenschaften von Uran

Elementares Uran ist ein silberweiß glänzendes, relativ weiches und radioaktives Schwermetall, welches nur geringfügig weicher als Stahl ist. In der Natur ist es das Schwerste vorkommende chemische Element.[6] Uran hat die Ordnungszahl 92 und wird der Gruppe der Actinoiden im Periodensystem zugeordnet. Die relative Atommasse beträgt 238,029 g/mol und besitzt eine für Uran typisch hohe Dichte von 19,16 g/cm^3. Der Schmelzpunkt liegt bei circa 1130 ℃ und der Siedepunkt wird bei ungefähr 3930 ℃ erreicht.[7]

Das in der Natur vorkommende Uran ist ein Gemisch aus drei verschiedenen Uran-Isotopen. Die chemischen Eigenschaften der Isotope sind gleich, doch unterscheiden sich diese in ihrer radioaktiven Wirkung, da die Radioaktivität von der Halbwertszeit abhängig ist. Natürliches Uran besteht zu 99,27 % aus Uran-238 mit einer Halbwertszeit von 4,47 Mrd. Jahren. Der Anteil des Uran-235 liegt bei 0,72 % mit einer Halbwertszeit von 704 Mio. Jahren. Uran-234, ein Zwischenprodukt in der Zerfallsreihe von U-238, kommt zu 0,006 % mit einer Halbwertszeit von 246.000 Jahre vor. Demzufolge hat das U-238 die längste Halbwertszeit, allerdings auch die geringste Radioaktivität.[8] Die Isotope von Uran sind allesamt in ihrem Ursprung Alpha-Strahler und erst für den menschlichen Organismus gefährlich, wenn große Mengen von Uranteilchen durch Nahrung aufgenommen oder mit der Luft inhaliert werden.[9]

---

[5] vgl. Lübbert, D./Lange F. (2006): Uran als Kernbrennstoff – Vorräte und Reichweite. Deutscher Bundestag: 5-6.
[6] vgl. Bleise, A./Danesi, P. R. & W. Burkart (2003): 94.
[7] vgl. Universität Oldenburg (2009)
[8] vgl. Bleise, A./Danesi, P. R. & W. Burkart (2003): 94-95.
[9] vgl. Domingo, J. L. (2001): Reproduction and developmental toxicity of natural and depleted uranium: a review. In: Reproductive Toxicity 15 (6): 603-604.

2.4 Industrielle Nutzung

Damit Uran als Kernbrennstoff in Kraftwerken zur Energiegewinnung eingesetzt werden kann, muss dieses mittels aufwendiger Verfahrenstechniken aufbereitet werden. Hierzu werden die in Bergwerken abgebauten Uranerze zerkleinert und durch Flotation angereichert. Durch Ionenaustauschverfahren oder durch Extraktion mit organischen Lösungsmitteln werden Uranverbindungen isoliert. Durch die Behandlung mit Laugen oder Säuren entsteht hierbei ein gelbes pulverförmiges Gemisch von Uranverbindungen, dem *Yellow Cake*. Über weitere Extraktionsprozesse mit Salpetersäure und weiteren Reduktionsprozessen mit Wasserstoff und Magnesium lässt sich schließlich reines Uran gewinnen.[10] Nach Abschluss der Konversion wird das Uranisotop U-235 für die kommerzielle Nutzung in Leichtwasserreaktoren von 0.72 % auf 3-4 % angereichert. Hierzu wird das reine Uran zunächst chemisch in gasförmiges Uranhexafluorid (UF_6) umgewandelt. In Gaszentrifugen wird dann das UF_6 schrittweise in die leichteren und schwereren Isotopenbestandteile getrennt. Das Gaszentrifugen-Verfahren basiert auf der Grundlage, dass die Isotopen unterschiedliche Massen besitzen und dadurch mittels der auftretenden Zentrifugalkräfte die Isotopen aufgrund ihrer Massendifferenz voneinander getrennt werden. Abschließend wird das angereicherte Uran erneut chemisch zu Uranoxid (UO_2) umgewandelt, um dieses dann als Brennelemente für Kernkraftwerke zu verarbeiten. Beim Bau von Atombomben wird Uran-235 in ähnliche Weise auf bis zu 90 % angereichert.[11]

3. Abgereichertes Uran

3.1 Eigenschaften von „depleted uranium"

Bei der industriellen Anreicherung entsteht als Nebenprodukt abgereichertes Uran. Das abgereicherten Uran (engl. depleted uranium - DU) ist in der Zusammensetzung gegenüber dem Natururan insofern verändert, dass der

---

[10] vgl. Seilnacht, Thomas (o. J.)
[11] vgl. Universität Oldenburg (2009)

Anteil von Uran-235 lediglich 0,2-0,3 % beträgt. Auch hat sich die Radioaktivität um 40 % verringert.[12] In Folge des Anreicherungsverfahren kann abgereichertes Uran geringe Spuren von U-236 (< 0,003 %) und weiteren Actinoid-Isotopen wie Plutonium enthalten.[13] Eine detaillierte Übersicht über die Isotopenzusammensetzung von Natururan und abgereichertem Uran kann aus Tabelle 1 entnommen werden.

Im Zusammenhang mit dem hohen spezifischen Gewicht (19 g/m^3) von DU, findet abgereichertes Uran u. a. Anwendung in der zivilen Nutzung als Ausgleichgewicht in Steuerklappen von Flugzeugen, in der Medizin zur Abschirmung vor gefährlicher Strahlung, zum Transport von radioaktivem Material und als chemischer Katalysator. Das Militär verwendet abgereichertes Uran insbesondere wegen der hohen Dichteeigenschaft zur Härtung von Panzerungen und als panzerbrechende Munition.[14] In Verbindung mit Metall hat abgereichertes Uran die Eigenschaft eine 65 % höhere Dichte als Blei zu haben.[15] Zudem hat metallisches Uran eine pyrophore Wirkung, sodass es sich in einer Atmosphäre von Stickstoff (N) und Kohlenstoffdioxid (CO_2) bei Raumtemperatur selbst entzündet.[16]

Nach Angaben des *Department of Energy* (DOE) lag der Bestand von abgereichertem Uran in den USA im Jahr 1998 bei 734.000 t. Nach Schätzungen liegt der weltweite Bestand von DU nach heutigem Stand bei über einer Million Tonne und wird täglich mehr.[17]

3.2 Wirkung

Bei DU-Munition handelt es sich um panzerbrechende Projektile, die im Gegensatz zu konventioneller Munition eine erheblich größere Durchschlagskraft erzielen. Grundsätzlich werden die Wuchtgeschosse (DU-Munition) zum Zerstören von mittel bis stark gepanzerten Zielen verwendet. Die zerstörerische Wirkung von DU beruht hierbei allein auf seiner

---

[12] vgl. Bleise, A./Danesi, P. R. & W. Burkart (2003): 95-96.
[13] vgl. Priest, N. (2001): Toxicity of depleted uranium. In: The Lancet 357 (9252): 244-246.
[14] vgl. Betti, M. (2003): Civil use of depleted uranium. In: Journal of Environmental Radioactivity 64 (2): 114.
[15] vgl. Bleise, A./Danesi, P. R. & W. Burkart (2003): 96.
[16] vgl. Bertell, R. (1999): Depleted uranium as a weapon of war.
[17] vgl. Schmid, E. /Wirz, C. (2000): Bundesamt für Bevölkerungsschutz – Depleted Uranium. S. 3.

kinetischen Energie, ohne das die Beimischung von Sprengstoff notwendig ist.[18] Letztendlich wurde die DU-Munition dank seiner großen Verfügbarkeit, dem günstigen Bereitstellungspreis und seiner pyrophoren Wirkung eingeführt. Bemerkenswert ist, dass sich DU-Geschosse beim Aufprall von selbst schärfen und so stark gepanzerte Ziele leicht durchdringen können. Die beim Einschlag auf ein Ziel entstehenden Kräfte und Temperaturen haben als Nebeneffekt das Schmelzen und Zerstäuben von DU zur Folge. Zudem entsteht bei der Detonation für die Umwelt schädlicher DU-Staub, welcher dann fein verteilt bis zu 100 m im Zielgebiet in Luft und Boden enthalten ist oder durch Wind bis zu 40 km weit verbreitet werden kann. Größenteils haben die DU-Aerosole eine Größe kleiner als 5 μm. Nachweislich werden 10-35 % (max. 70 %) der DU-Penetratoren durch Detonation oder Verbrennung zu Aerosolen.[19]

Als Alternative zu der DU-Munition wird nach Angaben der Deutschen Bundeswehr ausschließlich Wolfram-Munition verwendet. Wolfram verfügt über eine ähnlich hohe Dichte (19,3 g/cm^3) wie abgereichertes Uran, ohne aber über dessen radioaktive und chemisch-toxische Wirkung zu verfügen.[20] Zwar hat Wolfram (auch panzerbrechende Munition) im Vergleich einen deutlich höheren Schmelzpunkt von 3410 ℃ als Uran (Schmelzpunkt 1.132 ℃), allerdings fehlt es Wolfram an der unvergleich baren pyrophoren Wirkung. Des Weiteren wird ein Wolfram-Projektil bei der Detonation auf Panzerungen eher stumpf und eignet sich demzufolge weniger gegen stark gepanzerte Fahrzeuge oder andere Ziele.[21]

3.3 Einsatz in Kriegsgebieten & Tests in Deutschland

Bereits während den frühen 1970er Jahren begann das US-Militär die Wirkung von abgereichertem Uran zu testen.[22] Erstmals soll die Munition dann während des Jom-Kippur-Krieg 1973 unter Aufsicht des US-Militärs

---

[18] vgl. Universität Oldenburg (2009)
[19] vgl. Bleise, A./Danesi, P. R. & W. Burkart (2003): 97.
[20] vgl. Rüstung & Wirtschaft (2001): Topographie einer heimtückischen Waffe – Herstellung, Verwendung und Folgen von Uranmunition. In: AMI 31 (2): 20-21.
[21] vgl. Bleise, A./Danesi, P. R. & W. Burkart (2003): 97
[22] vgl. Ebd..

gegen die israelische Armee angewandt worden sein. Ebenso im Falkland-Krieg 1982 durch die britische Armee und während der Panama-Intervention der USA im Jahr 1989.[23] Während des Golfkriegs 1991 wurden schätzungsweise 321 t Uranmunition vom US-Militär im Kampf verschossen (Tabelle 2). Für Kosovo, Bosnien und Serbien werden von annähernd 13 t ausgegangen. Beim Golfkrieg wurden alleine vom US-Kampfflugzeug A-10 *Thunderbold* circa 784.000 30-mm Projektile mit insgesamt 259 t Uran verschossen. Diese sind in der Lage eine bis zu neun cm mächtige Stahlpanzerung zu durchdringen. Das Kampfflugzeug kann innerhalb einer Minute bis zu 3.900 solcher Patronen abzufeuern. Allerdings treffen in den meisten Fällen nicht mehr als 10 % der abgefeuerten Munition das Ziel. Demnach liegen noch immense Mengen von nicht detonierter Munition auf der Erdoberfläche. Im Kosovo (1999) wurden über 30.000 und in Bosnien/Herzegowina (1994/1995) circa 10.800 solcher Geschosse mit einer Uran-Menge von Schätzungsweise drei Tonnen abgefeuert.[24]

Seit dem Jahr 2001 ist nunmehr auch bekannt, dass es auf US-amerikanischen Truppenübungsplätzen in Deutschland in den 1970er und 1980er Jahre zahlreiche Vorfälle mit Uran-Munition gegeben hat. Demnach kam es nach Angaben der US-Streitkräfte in Bayern, Hessen und Niedersachen zu neun Vorfällen, bei denen irrtümlicherweise mit DU-Munition geschossen wurde oder mit dieser Munition beladene Panzer in Brand gerieten. Auch haben in den 1970er Jahren in enger Kooperation mit dem Rüstungskonzern *Rheinmetall* und dem *Bundesamt für Wehrtechnik und Beschaffung* (BWB) Tests in Deutschland stattgefunden. Im niedersächsischen Unterlüß (Landkreis Celle) wurde DU-Munition auf firmeneigenem Gelände im zweistelligen Bereich zu Testzwecken verschossen.[25]

---

[23] vgl. Rüstung & Wirtschaft (2001): 26-27.
[24] vgl. Bleise, A./Danesi, P. R. & W. Burkart (2003): 97 & 98.
[25] vgl. Handelsblatt (2001): Rüstungskonzerne Rheinmetall und EADS räumen Test ein.

4. Gesundheitliche Folgen

4.1 Chemisch-toxische & radio-toxische Wirkung

Uran ist aufgrund seiner Eigenschaft als Schwermetall für den Menschen als hoch giftig einzustufen. Daher darf bei der Betrachtung die chemisch-toxische Wirkung nicht außer Betracht gelassen werden. Uranverbindungen können bei hoher Dosis zu Leber- und Nierenschäden führen. Das meiste an löslichem Uran wird zwar innerhalb weniger Woche wieder mit dem Urin ausgeschieden. Dennoch verweilt ein kleiner Prozentteil im Blutkreislauf und der Niere.[26] Grundsätzlich aber gilt, dass die im Folgenden genannten radio- und chemisch-toxischen Wirkungen auf den Menschen gefährdend sein können und daher nicht einfach vernachlässigbar sind. Aufgrund der unterschiedlichen Aufnahmewege wird nun im Einzelnen zwischen externer und interner Strahlenbelastung differenziert.

4.1.1 Externe Strahlenbelastung

Bei der *externen Strahlenbelastung* wirken einzig die Beta- und Gamma-Strahlungen von abgereichertem Uran auf den Menschen. Allerdings kann die Strahlenbelastung vernachlässigt werden. Gesundheitsschädigend werden Aerosole von abgereichertem Uran erst bei der direkten Aufnahme mit der Haut bei circa 2 mSv pro Stunde. Die derzeit gängige Höchstbelastung für beruflich strahlenexponierte Menschen liegt bei mehr als 500 mSv/h. Um diesen Schwellenwert zu überschreiten, müsste man über 250 Stunden direkten Kontakt mit DU haben, ohne sich währenddessen gewaschen zu haben. Die Strahlungsintensität bei Panzerbesatzungen beläuft sich auf lediglich 1μSV pro Stunde und kann für die betroffenen Soldaten als eher ungefährlich angesehen werden.[27]

4.1.2 Interne Strahlenbelastung

Eine interne Strahlenbelastung durch DU kann über zwei Bahnen erfolgen:

---

[26] vgl. Bleise, A./Danesi, P. R. & W. Burkart (2003): 105.
[27] vgl. Ebd.: 99 & 104.

- Ingestion (Nahrung & Trinkwasser)

- Inhalation (in Form von Aerosolen)

In den Körper gelangt DU in Form von Uran-Fragmenten oder Uran-Oxiden. Zu den bekanntesten Oxiden zählen U_3O_8, UO_2 und UO_3, welche alle grundsätzlich schwer löslich sind, aber in Verbindung mit Körperflüssigkeiten über mehrere Wochen bis Jahre löslich wirken können. Im menschlichen Organismus kann Uran dann in die Blutbahn gelangen und im Gewebe oder den Organen verweilen. Einmal in den Körper geraten, gehen Uranverbindungen zusätzlich lösliche Verknüpfungen mit Bikarbonaten, Citraten (Zitronensäuren) und Proteinen ein.[28]

Ingestion

Der Eintrag in den menschlichen Körper mit der Nahrung und dem Trinkwasser ist eine der möglichen Aufnahmewege von Uran oder abgereichertem Uran. Eine Kontamination von Trinkwasser kann durch im Boden verweilende Fragmente oder Munitionsreste verursacht sein. Die Kontamination ist allerdings sehr stark vom Säuregrad und den reduzierenden Eigenschaften des sich im Boden befindlichen Urans abhängig. Allerdings zeigen gegenwärtige Tests von US-Studien keine Kontamination des untersuchten Grundwassers, obwohl große Mengen an DU feinstverteilt auf dem Erdboden verteilt wurden. Zusammenfassend kann man feststellen, dass es keine akuten Risiken mit der Aufnahme von uranhaltigem Trinkwasser gibt.[29] Dennoch sollte nach Angaben der WHO der Anteil an Uran in Trinkwasser den Grenzwert von 15 µg/l nicht überschreiten. In den USA wird ein Limit von µ30 g/l vorgeschrieben, wo es hingegen in Deutschland keinen Grenzwert in der Trinkwasserverordnung gibt.[30]

Inhalation

Die Aufnahme von feinen Staubpartikeln kann während Kampfhandlungen erfolgen, wenn DU-Munition auf harten Panzerungen detoniert oder

---

[28] vgl. Bleise, A./Danesi, P. R. & W. Burkart (2003): 99-100.
[29] vgl. Ebd.: 100.
[30] vgl. Technische Universität Freiberg (2005): Hydrogeology and Environmental Geology.

anschließend verbrennt. Die Partikelgröße ist hierbei im starken Maße von der Härte der Panzerung abhängig. Uranoxide, welche beim Verbrennen von DU entstehen, sind nur schwer löslich und können sich so in der Lunge auf weiteres ablagern.[31]

In der Regel lagern sich zu 95 % der inhalierten Aerosole mit einem Durchmesser größer zehn µm in den oberen Atemwegen, wie dem Rachen ab. Partikel die kleiner als zehn µm sind, können in tieferen Regionen der Lunge (z. B. Bronchien) längere Zeit verweilen. Der Anteil der Partikel die vom Blut absorbiert oder sich im Gewebe oder den Lungern ablagert, hängt daher insbesondere von der Größe ab. Desweiteren bestimmt die Löslichkeit die Verweildauer im Körper. Während leicht lösliche Teilchen binnen Tagen absorbiert und wieder mit dem Urin ausgeschieden werden können, kann es bei schwer löslichen Partikeln Monate bis hin zu Jahren dauern. Voraussichtlich sind die chemisch-toxischen Auswirkungen auf den Menschen eher mit den leicht löslichen DU-Aerosolen in Verbindung zu bringen, wo hingegen die radio-toxischen Folgen mit denen der schwer löslichen Partikeln der Uranoxide zu tun haben.[32] Nach Angaben der Internationalen Strahlenschutzkommission (International Commission on Radiological Protection - ICRP) wird für die Inhalation von schwer löslichem Uran von einem Dosisfaktor von 0,1 mSv/mg ausgegangen.[33] Daher sind akute Strahlenschäden nur bei extremen Uran-Konzentrationen zu erwarten. Ähnliches gilt für die chemisch-toxische Wirkung von Uran auf die Niere. Nur das Einatmen von hohen Dosen abgereichertem Uran kann unter Umständen zu irreversiblen Nierenschäden führen.[34]

5.   Erkrankungen

Seit dem Ende des Golfkriegs 1991 klagten zahlreiche US-Soldaten über nicht zu erklärende chronische Gesundheitsprobleme. Die zahlreichen Symptome (u. a. Schlafstörungen, starke (Kopf-)Schmerzen, psychische

---

[31] vgl. Bleise, A./Danesi, P. R. & W. Burkart (2003): 101.
[32] vgl. Ebd.: 105-106.
[33] vgl. Schmid, E./Wirz, C. (2000): 7.
[34] vgl. Priest, N. (2001): 244.

Probleme, Hautreizungen)[35] wurden daraufhin unter dem Begriff des Golfkriegssyndroms zusammengefasst. Wissenschafter stellten im Laufe der Zeit die verschiedensten Theorien über Krankheitsursache und Entstehung auf. Unter anderem wurde abgereichertes Uran als potentielle Ursache für das Golfkriegssyndrom herangezogen. Auch im Balkan sind bei NATO-Soldaten ähnliche Krankheitssymptome wie bei denen von Golfkriegsveteranen aufgetreten.[36] Studien der Universität San Diego sollen aktuell belegen, dass durch Tabletten zum Schutz gegen Nervengas und ein Insektizid gegen Sandfliegen das Golfkriegsyndrom auslöste (Stand 2008).[37] In vereinzelten Publikationen, wie der von Prof. Dr. Siegwart-Horst Günther *Uran-Geschosse*, wird hingegen angenommen, dass der Einsatz von DU-Munition im Irak unter der Zivilbevölkerung zu Fehlgeburten führte. Demnach sollen vermehrt Missbildungen bei Neugeborenen oder das Auftreten von Krankheiten wie Masern oder Kinderlähmung in Folge des Einsatzes von DU-Munition nachgewiesen worden sein.[38]

Sieben Jahre nach dem Golfkrieg haben Untersuchungen von mit abgereichertem Uran verwundeten Soldaten ergeben, dass keine gesundheitlichen Folgen zu befürchten sind. Zumindest gilt dies für Soldaten, die mit nicht entfernbaren DU-Bruchstücken im Körper leben müssen. Das Ergebnis der Studie war lediglich eine gering erhöhte Konzentration von Uran im Urin, welche aber weder für die Niere noch für andere Organe lebensgefährlich ist. Im Vergleich zu unverwundeten Golfkriegsveteranen wurden zudem auch keine signifikanten Unterschiede beim Sperma festgestellt.[39] Zudem wurde festgestellt, das die Aufnahme von radio- und chemisch-toxischen DU keine nennenswerten karzinogene Erkrankungen zur Folge haben können. Falls es zu Krebserkrankungen kommen sollte, treten diese erst Jahre nach der Aufnahme von DU in Form von Zellschädigungen oder Tumoren auf. Die Latenzzeit einer auftretenden Erkrankung liegt hierbei bei mindestens 10 bis 20 Jahren. Krebserkrankungen von Soldaten des Golfkriegs und des Balkans können demzufolge nicht in Verbindung mit DU

---

[35] vgl. Murphy, F. (1999): Gulf war syndrome. British Medical Journal 318: 274-275.
[36] vgl. Domingo, J. L. (2001): 604.
[37] vgl. Welt Online (2008): Forscher finden Ursache für Golfkriegssyndrom.
[38] vgl. Runge, B.\ Vilmar F. (2007): Kriegsführung mit Urangeschossen. S. 14-17.
[39] vgl. Domingo, J. L. (2001): 604.

stehen, da derartige Symptome schon nach kurzer Zeit bei Veteranen festgestellt wurden. Als bewiesen gilt nur, dass DU zu chemisch-toxischen aber auch reversiblen Schäden der Niere führen kann.[40]

6. UNEP Bodenuntersuchung

Das Umweltprogramm der Vereinten Nationen (United Nations Environment Programme - UNEP) ließ in Zusammenarbeit mit der Internationalen Atomenergiebehörde (IAEA) und mit Unterstützung der WHO ein Team von wissenschaftlichen Experten im November 2000 verschiedene von DU-Munition kontaminierte Standorte im westlichen und südlichen Teil des Kosovo untersuchen. Das 14-köpfige Expertenteam entnahm an elf Standorten 161 Bodenproben, wo gemäß nach NATO-Informationen Munition aus abgereichertem Uran verschossen wurde. Des Weiteren wurden neben den Feldmessungen der Ortsdosisleistung auch Boden- und Wasserproben entnommen. Auch Milchproben von Kühen wurden analysiert.

Als Zweck der Bodenuntersuchung diente die Beantwortung der Fragen, ob DU-Kontaminationen in der Bodenoberfläche ein Gesundheitsrisiko für Soldaten und Zivilbevölkerung darstellt und ob auf oder unter der Bodenoberfläche liegende Geschosse oder Splitter ein zukünftiges Umweltproblem darstellt. Auch sollte untersucht werden, welche Kontaminationswerte in einer kontaminierten Zone oder einem *Hot Spot* zu finden sind und in welchem Umkreis eines Gebietes Kontamination stattfindet.[41]

Zur Untersuchung der Proben wurden fünf unabhängige Laboratorien beauftragt.[42] Hierunter das Labor Spiez, als Fachinstitut für den Schutz vor atomaren, biologischen und chemischen Bedrohungen und Gefahren mit Sitz in der Schweiz. Im Labor wurden insgesamt 77 Proben (61 Bodenproben, neun Proben aus Einschusslöchern, vier Geschossmäntel, zwei DU-Geschosse, ein Geschosssplitter) von sieben der elf Standorte mittels der

---

[40] vgl. Priest, N. (2001): 245.

[41] vgl. Burger, M. (2001): Bundesamt für Bevölkerungsschutz - UNEP DU Field Assessment 2000. S. 1.

[42] vgl. Durante, M./ Pugliese M. (2003): Depleted uranium residual radiological risk assessment for Kosovo sites. Journal of Environmental Radioactivity 64 (2): 238.

Plasma-Massen-Spektrometrie (ICP-MS) analysiert. Die angewandte Methode erlaubt es, eine „Kontamination durch abgereichertes Uran bis zu einer Konzentration von 1 Prozent des gesamten Urangehalts in einer Probe zu analysieren."[43]

Die Untersuchungen des Labor Spiez kamen zu dem Ergebnis, dass die „gemessenen DU-Kontaminationen der obersten Erdschicht bei den meisten der bei diesem Einsatz entnommenen Proben unter dem natürlichen Urangehalt im Boden lag."[44] Aus diesen kleinen Konzentrationen der Kontamination an DU kann kein Gesundheitsrisiko für den Menschen abgeleitet werden. Bei Bodenproben von Hot Spots wurden durchschnittliche Werte im Bereich von 1.5 g DU/kg Erde gemessen. Allerdings wurde festgestellt, dass „Geschosse die auf eine mehr oder weniger weiche Oberfläche treffen (Erde, asphaltierte Straße) oder in einem ungünstigen Winkel auftreffen oder einen harten Gegenstand (z. B. einen großen Stein) unter der Oberfläche treffen, zu einer DU-Kontamination von einigen Gramm pro Kilogramm Erde führen können."[45] Die höchst gemessene Kontamination lag bei 7,6 g DU pro Kilogramm Erde. Bei der Analyse von Geschossmänteln kam man zu dem Ergebnis, dass gemäß der Materialbilanz diese an Gewicht verloren haben und es dadurch höchstwahrscheinlich zu einer partiellen Kontamination des Bodens gekommen ist. Eine weitere Analyse von DU-Munition und DU-Splittern zeigt, dass ein auf einer „Bodenoberfläche liegendes Geschoss die darunterliegende Erde kontaminiert."[46] Bei einer Probe war die Erde in einem Bereich von 0 bis 10 cm unter der Oberfläche mit 176 mg DU/kg belastet. DU-Geschosse oder Splitter oxidieren oberflächlich und stellen so eine Gefährdung der Folgekontamination für den Boden dar. Im Schlimmsten Fall kann es unter ungünstigen Bedingungen zu einer Kontamination des Grundwassers kommen. Allerdings existieren hierfür gegenwärtig keinerlei Anzeichen. Dennoch warnt die UNEP-Arbeitsgruppe vor möglichen Kontaminationen der Umwelt.[47] Eine Gefährdung des Trinkwassers ist jedoch abhängig von der „Löslichkeit des Urans sowie dem

---

[43] Burger, M. (2001): 2.
[44] Ebd.: 3.
[45] Ebd.: 3.
[46] Ebd.: 4.
[47] vgl. Durante, M./ Pugliese M. (2003): 238.

Säuregrad und den reduzierenden Eigenschaften in der Bodenumgebung und zusätzlich auch von den hydrologischen Eigenschaften der Region."[48] Nach Simulationen ist in den nächsten 50 Jahren keine signifikant erhöhte Radioaktivität im Trinkwasser zu befürchten. Dennoch wird ausdrücklich empfohlen, entsprechende Schutzmaßnahmen im Kosovo einzuleiten.[49]

7. Fazit

Nach den Erkenntnissen der UNEP-Studie müssen nur minimale Vorsichtsmaßnahmen eingehalten werden, um das gesundheitliche Risiko in DU-belasteten Kriegsgebieten als vernachlässigbar gering anzusehen. Dennoch sollten weitere Untersuchungen angestrebt werden, um sich den gesundheitlichen Folgen auf Mensch und Umwelt ganz sicher zu sein. Auch wenn derzeit angenommen wird, dass eine akute Beeinträchtigung der Gesundheit nur bei Inhalation von löslichen Aerosolen in sehr großen Mengen erfolgen kann.

Bei der Behandlung der Thematik stellte sich die Frage, warum sich die Krankheitssymptome von Golfkriegsveteranen und denen im Kosovo stationierten NATO-Soldaten so sehr ähneln?! Laut Studie der San Diego Universität sollen die chronischen Erkrankungen durch Impfungen und Insektizide verursacht worden sein ... Zudem wurden bei der Recherche in zahlreichen Publikationen von Autoren oder Wissenschaftlern ein vermeintlicher kausaler Zusammenhang zwischen abgereichertem Uran und (Krebs-)Erkrankungen ausgemacht, auch wenn dieser aus Sicht des gegenwärtigen Forschungsstand nicht besteht. Hierbei stellt sich zuletzt die Frage, wie objektiv und wissenschaftlich die Thematik im Internet behandelt wird. Wird vielleicht vielmehr versucht die Angst des Rezipienten zu schüren und/oder im eigenen Sinne Propaganda zu betreiben?

---

[48] Burger, M. (2001): 4.
[49] Durante, M./ Pugliese M. (2003): 244.

8. Literatur- und Internetverzeichnis

Ball, Markus/Neuneck, Götz (2000): Anmerkung zum Einsatz von abgereichertem Uran (DU) als Munition. Internet: http://www.ifsh.de/dokumente/artikel/39_uran.pdf (Stand 25.09.2009).

Bertell, Rosalie (1999): Depleted uranium as a weapon of war. Toronto.

Betti, Maria (2003): Civil use of depleted uranium. Journal of Environmental Radioactivity 64 (2): 113–119.

Bleise, A./Danesi, P. R. & W. Burkart (2003): Properties, use and health effects of depleted uranium. Journal of Environmental Radioactivity 64 (2): 93-112.

Burger, Mario (2001): Bundesamt für Bevölkerungsschutz - UNEP DU Field Assessment 2000. Spiez.

Domingo, Jose L. (2001): Reproduction and developmental toxicity of natural and depleted uranium: a review. Reproductive Toxicity 15 (6): 603-609.

Durante, M. & Pugliese, M. (2003): Depleted uranium residual radiological risk assessment for Kosovo sites. Journal of Environmental Radioactivity 64 (2): 237-245.

Murphy, Frances (1999): Gulf war syndrome. British Medical Journal 318: 274-275.

Handelsblatt (2001): Rüstungskonzerne Rheinmetall und EADS räumen Test ein. Internet: http://www.handelsblatt.com/archiv/versuche-mit-uran-munition-bestaetigt;372998 (Stand 26.09.2009).

Lübbert, Daniel & Lange Felix (2006): Uran als Kernbrennstoff – Vorräte und Reichweite. Deutscher Bundestag.

Murphy, Frances (1999): Gulf war syndrome. British Medical Journal 318: 274-275.

Priest, Nadir (2001): Toxicity of depleted uranium. The Lancet 357 (9252): 244-246.

Rüstung & Wirtschaft (2001): Topographie einer heimtückischen Waffe – Herstellung, Verwendung und Folgen von Uranmunition. AMI 31 (2): 20-33.

Runge, Brigitte & Vilmar Fritz (2007): Kriegsführung mit Urangeschossen. Berlin.

Seilnacht, Thomas (o.J.): Uran. Internet: http://www.seilnacht.com/Lexikon/92Uran.html (Stand 22.09.2009).

Schmid, Ernst & Wirz, Christoph (2000): Bundesamt für Bevölkerungsschutz – Depleted Uranium. Spiez.

Technische Universität Freiberg (2005): Hydrogeology and Environmental Geology. Internet: http://www.geo.tu-freiberg.de/~merkel/uran_index.htm (11.11.2009).

Universität Oldenburg (2009): Physikalische Umweltanalytik – Information über Uran-Munition. Internet: http://uwa.physik.uni-oldenburg.de/1583.html (Stand 24.09.2009).

Weiß, Stefan (2004): Uraninit. LAPIS 5: 8-11.

Welt Online (2008): Forscher finden Ursache für Golfkriegssyndrom. Internet: http://www.welt.de/wissenschaft/article1786642/Forscher_finden_Ursachen_f uer_Golfkriegssyndrom.html (Stand 28.09.2009).

World Nuclear Association (2009): World Uranium Mining. Internet: http://www.world-nuclear.org/info/inf23.html (Stand 22.09.2009).

Anhang:

Tab. 1: Isotopenkonfiguration von Natururan und abgereichertem Uran

Tabelle 1 Isotopenkonfiguration des Natururan und des abgereicherten Urans [Fetter/Hippel 1999]

Isotope	Half-life[a] yr	Specific Activity[b] Ci/g	Concentration[c] weight %	
			Natural U	Depleted U
U-234	$2.46 \cdot 10^5$	$6.22 \cdot 10^{-3}$	0.0054	0.0007
U-235	$7.04 \cdot 10^8$	$2.16 \cdot 10^{-6}$	0.711	0.2
U-236	$2.34 \cdot 10^7$	$6.47 \cdot 10^{-5}$		0.003
U-238	$4.47 \cdot 10^9$	$3.36 \cdot 10^{-7}$	99.28	99.8
Natural U		$6.85 \cdot 10^{-7}$		
Depleted U		$3.85 \cdot 10^{-7}$		

Quelle: Ball, M & Neuneck, G. (2000): S. 5.

Tab. 2: DU-Menge und Waffensysteme im Golfkrieg

Tabelle 4 DU-Munitionsmengen und Waffensysteme, die im Golfkrieg verwendet wurden

TSK	Waffen System	Kaliber [mm]	Geschossmenge	DU Gewicht [kg]
US Army	M1 Abrams Tanks	105	504	2,359
	M1A1 Abrams Tanks	120	9048	53,358
US Air Force	A-10 Warthog Aircraft	30	783514	257,371
US Navy	Phalanx CIWS Missile Defense Gun	20	?	?
US Marine Corps	AV-8B Harrier Aircraft	25	67436	11,0015
	M60A3 Tanks	105	?	?
British Army	Challenger Tanks	120	88	0,519
Summe	Tanks		9,640	56,2365
	Aircraft		850,950	268,3725

Quelle: Ball, M. & Neuneck, G. (2000): S. 11.